AF494560

MÉMOIRE

SUR LE TRAITEMENT DES

LÉSIONS TRAUMATIQUES

DES SYNOVIALES

ARTICULAIRES ET TENDINEUSES

PAR LA GLYCÉRINE

DEUXIÈME PARTIE DE CE MÉMOIRE — OBSERVATIONS

PAR M. AUREGGIO

VÉTÉRINAIRE EN DEUXIÈME AU 2e DE HUSSARDS
MEMBRE DES SOCIÉTÉS VÉTÉRINAIRES : DE LA MARNE, D'ALSACE-LORRAINE
ET DE LA SOCIÉTÉ D'AGRICULTURE DE MEURTHE-ET-MOSELLE

La vérité est fille des faits.

MÉDAILLE D'OR ET 500 FRANCS

OBTENUS

AU CONCOURS DE PATHOLOGIE MÉDICO-CHIRURGICALE DE 1877

DE LA SOCIÉTÉ CENTRALE DE MÉDECINE VÉTÉRINAIRE DE PARIS

PARIS

TYPOGRAPHIE DE Vve RENOU, MAULDE ET COCK

144, RUE DE RIVOLI, 144

1878

MÉMOIRE

SUR LE TRAITEMENT DES

LÉSIONS TRAUMATIQUES

DES SYNOVIALES ARTICULAIRES ET TENDINEUSES

ET DES PLAIES, EN GÉNÉRAL

PAR L'EMPLOI DE LA GLYCÉRINE (1)

Par M. E. AUREGGIO

Vétérinaire en deuxième au 4e hussards.

La vérité est fille des faits.

De la glycérine dans le traitement des plaies articulaires du cheval.

« L'histoire des maladies articulaires dans les animaux domestiques offre un champ vaste à l'observation et aux méditations des pathologistes (2). »

Cette opinion, exprimée en 1856 dans le *Nouveau dictionnaire de médecine vétérinaire*, faisait pressentir quelles formes variées ces affections revêtent et quels développe-

(1) La Société, dans sa séance du 28 mars 1878, a décidé qu'une médaille d'or et une somme de 500 francs seraient décernées, à titre de prix, à l'auteur du présent Mémoire, et que la deuxième partie de ce Mémoire serait imprimée dans le dixième volume des *Mémoires de la Société*.

(2) *Nouveau dictionnaire de médecine vétérinaire* de MM. Bouley et Reynal.

ments comporte une question aussi complexe que les *maladies des articulations*.

Nous avons examiné, dans notre esquisse bibliographique, une variété de ce grand groupe des maladies articulaires et les élucubrations nombreuses que le traitement des blessures articulaires a provoquées. Ce document analytique établit clairement, par la diversité des méthodes proposées, que le dernier mot n'est pas dit sur cette importante question. Il ressort en même temps que le praticien est embarrassé par le choix des moyens proposés, moyens violents quelquefois, qui impliquent une réserve d'autant plus grande que l'expérience n'a sanctionné aucun d'eux.

Ce n'est qu'après des essais multipliés et une expérience longuement acquise que l'on doit adopter quelques-unes des méthodes nouvelles que chaque jour voit éclore.

L'enthousiasme peut bien généraliser prématurément des faits encore isolés; mais la prudence et la sagesse attendent que la nature ait été assez interrogée et calculent avec exactitude les résultats que fournit l'expérience.

Ce n'est, enfin, qu'à une époque plus ou moins tardive et quand un grand nombre de praticiens ont pu constater, et les inconvénients des procédés anciens et l'excellence des méthodes nouvelles, que l'on peut établir en principe la proscription des uns et l'admission des autres.

« La vérité est la fille des faits, » a dit Bacon. C'est pénétré de ce principe que nous avons réuni en un faisceau compacte tous ceux à l'aide desquels nous avons la prétention de faire ressortir l'excellence de la méthode nouvelle que nous proposons pour le traitement des fistules articulaires.

Il n'y a pas de travail sans un grand nombre d'observations et d'expérimentations, aussi publierons-nous toutes celles que nous avons faites et celles recueillies par d'autres en faisant connaître avec exactitude et détail toutes les circonstances où ce moyen a été mis en pratique.

Demarquay a dit quelque part, dans un de ses intéressants travaux à propos de la glycérine : « On est actuellement trop enclin à rechercher les remèdes aux malades parmi les moyens violents et à regarder comme insignifiants ceux que l'on n'est pas obligé de manier avec mesure et circonspection. »

C'est en appliquant ce précepte du savant et regretté chirurgien, au sujet qui nous occupe, que nous sommes arrivé à préconiser la glycérine dans le traitement des plaies articulaires.

Pour l'intelligence du sujet, nous avons subdivisé et classé le traitement en :

1° Arthrites traumatiques traitées par l'emploi combiné du vésicatoire et la glycérine en injections ;

2° Arthrites traumatiques traitées par les irrigations continues et la glycérine en injections ;

3° Arthrites traumatiques traitées exclusivement par les injections de glycérine et les pansements glycérinés.

SECTION I

ARTHRITES TRAUMATIQUES TRAITÉES PAR L'EMPLOI COMBINÉ DU VÉSICATOIRE ET DE LA GLYCÉRINE EN INJECTIONS

Observation I

Ouverture de l'articulation des genou et boulet.

Le 15 septembre, nous sommes appelé à visiter une jument, énergique et nerveuse, qui s'est ouvert les articulations du genou et du boulet gauches à la suite d'une chute pendant l'allure du galop.

Fièvre et immobilité complète produite par la douleur. La plaie du genou est énorme, les tissus sont meurtris, on sent les os du carpe. Celle du boulet est plus petite et plus régulière et en communication directe avec l'articulation par un orifice étroit.

Le blessé est maintenu à sa ration ordinaire, elle est augmentée de quelques barbotages clairs alcalins. Les 15 et 16, les plaies sont irriguées pour les débarrasser des graviers dont elles sont imprégnées et pansées avec la glycérine.

Le 17, la synovie apparaît jaune et claire, légèrement spumeuse et rougie par quelques filets de sang. Vésicatoire autour des articulations et injections de glycérine avec la seringue dans les ouvertures articulaires.

Le 19, après les irrigations de glycérine, on imprègne de cette substance la première étoupade en rapport avec la plaie, le tout maintenu par un bandage en toile bien adapté.

Un seul pansement par jour suffit pour amener une amélioration notable dans le délai de cinq jours.

Le 24, un caillot synovial bouche l'orifice des fistules considérablement rétrécies.

28 septembre, écoulement synovial nul. Les plaies sont pansées avec la glycérine, la poudre de gentiane et de charbon.

Le 3 octobre, guérison, reprise du travail.

Obs. II

Ouverture de l'articulation du genou, suite de chute.

Le 12 septembre, nous donnons nos soins à une jument de sept ans, de tempérament sanguin, affreusement couronnée à gauche. La face antérieure du genou est complétement intéressée, les deux rangées carpiennes sont à nu ; les tendons sont mutilés.

Après un lavage et le jour même où l'accident est arrivé, vésicatoire très-large, injection de glycérine avec la seringue dans les parties profondes de la blessure articulaire, et pansement fortement imprégné de glycérine maintenu avec une genouillère en toile.

L'écoulement synovial a été très-modéré, jamais purulent, simplement épais, jaune louche.

Après dix jours de ces soins, l'écoulement est nul, la plaie belle, le bourgeonnement régulier.

24 septembre, la boiterie est encore très-sensible, quoique l'engorgement du genou soit bien diminué. Pansements plusieurs fois par jour avec la glycérine et la poudre de charbon.

28 septembre, la boiterie, encore très-accusée ce jour, est traitée par un nouveau vésicatoire étendu ; la violente contusion au moment de la chute explique cette sensibilité persistante.

Le 6 octobre, troisième vésicatoire pour combattre la boiterie qui persiste, malgré la cicatrisation de la plaie articulaire.

Le 4 novembre seulement, ce cheval a été remis à son service.

Obs. III

Ouverture de l'articulation fémoro-tibiale gauche, suite de coup de pied.

Appelé le 1er octobre pour voir un cheval de cinq ans, nerveux et irritable, qui, me dit-on, ne peut pas bouger son train de derrière. On croit qu'il a un clou dans le pied. Comme on essaye de lever le pied, le cheval refuse de le donner et se laisse plutôt renverser.

Avec précaution on le fait sortir pour l'examiner et le

changer d'écurie. Il exécute péniblement ce déplacement, deux hommes le poussent et le soutiennent.

Une petite blessure transversale et étroite de 2 centimètres à la partie inférieure de la rotule droite, suite de coup de pied, explique cette extrême souffrance.

La synovie apparaît filante et claire. Régime ordinaire et a'calins.

Un très-large vésicatoire est placé sur la région, et des injections de glycérine sont poussées avec la seringue dans l'articulation, puis une mèche est introduite avec précaution et de façon qu'elle soit resserrée par les lèvres de la plaie.

Le 3 octobre, la synovie sort en petits jets quand le membre se déplace. Notre aide a l'ordre de passer souvent à l'écurie pour s'assurer que la mèche n'est pas chassée et la remplacer au besoin.

Le 5 octobre, l'écoulement de synovie est bien diminué, elle est claire, filante, mêlée à des caillots allongés.

Le 11 octobre, l'ouverture articulaire est si petite qu'il n'est plus possible d'y passer la canule de la seringue; on panse avec la glycérine et poudre de charbon.

L'appui est bon, et comme le membre malade est trop mobile, nous plaçons un vésicatoire pour éviter cet inconvénient.

Le 13 octobre, cicatrisation complète de la plaie articulaire. Appui excellent, guérison assurée.

Après un mois de traitement, ce cheval est en état de reprendre son service; il n'y a pas d'engorgement ni boiterie.

Obs. IV

Arthrite de l'articulation du jarret, suite de coup de pied.

L'articulation du jarret gauche est en communication

avec l'air par une petite plaie située à 4 centimètres au-dessus de la châtaigne. Produite par la pince d'un fer neuf, elle est petite, étroite, mais profonde; la sonde pénètre dans l'articulation. Ecoulement de synovie.

M. X....., vétérinaire, fait appliquer un vésicatoire étendu et introduit de l'égyptiac dans la plaie articulaire, le 27 septembre. Mêmes soins les jours suivants.

Le 30 octobre, boiterie, et mieux appui nul; écoulement synovial abondant; amaigrissement. Ces phénomènes s'accentuent davantage à partir de ce jour, et la synovie est manifestement purulente.

Le 12 octobre, le jarret est énorme. Continuation, comme par le passé, des pansements avec l'égyptiac et vésicatoire plus étendu.

M. X....., vétérinaire, propose l'abatage le 20 octobre. Comme le propriétaire hésite, il lui propose d'appeler un confrère. Il résulte de cette consultation que la région a été traitée avec un nouveau vésicatoire et les injections de glycérine. Une mèche, longue et du volume du canal fistuleux, est introduite pour maintenir la glycérine et défendre l'accès de l'air.

Ces soins sont donnés consciencieusement pendant trois jours, après lesquels une amélioration notable est constatée; la synovie tend à reprendre le caractère de la synovie jaune et épaisse, comme elle se présente les premiers jours alors qu'il n'y a pas de suppuration.

Le 24 octobre, le jarret a 43 centimètres de tour; l'appui est meilleur; l'écoulement synovial bien diminué et changé.

Le 30 octobre, la synovie est rare le matin, imperceptible le soir quand la mèche est extraite de la fistule.

Le 4 novembre, oblitération et cicatrisation; engorgement très-prononcé de la face interne; induration du tissu cellulaire traité par le feu en pointes, et le vésicatoire appliqué le 20 novembre.

Ce grave accident s'est terminé heureusement; le jeu de l'articulation parfait, sans la moindre gêne. Le 2 janvier, ce cheval reprend son travail d'autrefois, et rend depuis les meilleurs services.

Obs. V

Ouverture de l'articulation temporo-maxillaire gauche.

L'articulation temporo-maxillaire, violemment contusionnée à la suite d'une chute sur le pavé, présente le 28 août, au milieu d'une tuméfaction de la région, une blessure étroite qui communique avec l'articulation. Un vésicatoire est appliqué ce jour, et les suivants le pansement avec la glycérine est fait à la manière habituelle; injection d'abord, puis mèche.

Pour cette blessure, nous avons eu l'idée de faire les pansements après chaque repas du matin et du soir. Pour éviter toute espèce de mouvements des mâchoires, si préjudiciables au succès, nous les immobilisons avec une courroie fixée au licol.

On évite ainsi l'inconvénient de l'expulsion de la mèche par la poussée synoviale immédiatement remplacée par l'air.

Le 29 août, la synovie s'écoule abondamment à la levée du pansement. A partir du 4 septembre l'écoulement synovial est bien atténué, de bonne nature et non purulent. Disparition de la tuméfaction.

Le 9 septembre, cicatrisation complète et possibilité de mouvements d'une mâchoire sur l'autre. Nous entretenons l'animal avec des boissons farineuses et le thé de foin. Retour progressif à la ration, les aliments étant divisés et coupés.

Le 19, guérison complète.

Obs. VI

Ouverture de l'articulation métatarso-phalangienne gauche.

La jument anglo-normande, très-ardente, qui fait le sujet de cette observation, effrayée par le sifflet d'une locomotive, s'est emballée et est venue s'abattre sur le bord d'un trottoir. Les genoux et les boulets sont plus ou moins profondément excoriés; mais la plaie du boulet postérieur droit, par son étendue, sa profondeur, fixe seule notre attention, quand on nous présente cette jument le 25 mai. La synovie qui se remarque sur cette blessure provient de l'articulation du boulet; le tendon extenseur est entamé, mutilé. Vésicatoire et glycérine en injections, et application matin et soir.

L'animal est en proie à une fièvre violente; son attitude indique une profonde douleur; le membre postérieur droit appuie à peine.

L'appétit est presque nul; aussi l'état général est-il très médiocre; le troisième jour, écoulement synovial très-abondant.

Le 29 mai, le vésicatoire est renouvelé, et la plaie articulaire est pansée avec la glycérine, maintenue par une étoupade. La synovie, de bon aspect, tend à diminuer.

Le 3 juin, diminution bien marquée de l'écoulement synovial, et rétrécissement de la plaie qui facilite le maintien de la mèche le plus près possible de la synoviale articulaire. Malgré un état atmosphérique élevé, si préjudiciable à la cicatrisation de ce genre de blessures imprégnées de matières albuminoïdes, tout va pour le mieux.

Le 6 juin, écoulement synovial insignifiant; la plaie est nette et belle; ses bords sont rapprochés et non exubérants. L'appui est bon. La glycérine n'est plus appliquée qu'avec la poudre de charbon, qui forme une croûte protectrice contre les mouches et l'air.

Mêmes soins jusqu'à la fin du mois, et, de plus, quelques frictions mercurielles sur l'engorgement persistant.

Reprise du travail, le 8 juillet.

Obs. VII

Ouverture de l'articulation du boulet antérieur gauche, suite de chute.

Le boulet antérieur porte sur sa face antérieure une plaie profonde, de la dimension d'une pièce de 5 francs en argent.

Le 4 août, ce jeune cheval s'est blessé en sautant un obstacle; le boulet a porté sur un caillou aigu qui a ouvert l'articulation. Le même jour, on place un vésicatoire enveloppant la région et s'étendant au delà. La glycérine n'est pas injectée, mais simplement appliquée au moyen d'un pansement *ad hoc*.

Le 7 août, écoulement synovial et boiterie; injection de glycérine et pansement.

Le 9, la plaie est belle, et, malgré la forte chaleur, il n'y a pas de suppuration, seulement un peu de synovie coagulée.

Le 12, plus d'écoulement synovial et plaie bien rétrécie; appui très-satisfaisant sur le membre malade.

Le 22, fistule articulaire complétement oblitérée; la plaie est sèche et recouverte par une croûte. Boiterie complétement disparue. Le cheval est remis à son travail le 9 septembre.

Obs. VIII

Arthrite du genou droit.

Nous sommes appelé à visiter, le 14 août, une jument

méchante, des plus irritables, qui est tombée le matin. Dans cette chute, les genoux sont lésés. La face antérieure, depuis l'extrémité inférieure du radius, présente une vaste blessure, large comme la main, qui met à nu le tendon extenseur très-endommagé et les os carpiens. La peau est rabattue de haut en bas. Des irrigations d'eau blanche sont faites toute la journée pour extraire le gravier qui salissait la plaie. Le soir, une couche épaisse très-étendue de vésicatoire est appliquée. La glycérine injectée dans tous les *diverticulum* de la plaie.

L'étoupade glycérinée ne dépasse pas le bord de la plaie pour ne pas la mettre en rapport avec le vésicatoire. Une genouillère bien adaptée maintient le pansement en contact avec cette vaste plaie articulaire. La toile est elle-même recouverte de vésicatoire, dans la partie en rapport avec la peau. Régime ordinaire. Alcalins.

Le 15 août, de la synovie caillebotée est retrouvée dans le pansement. Appui nul. Peu de fièvre, malgré la grande irritabilité du sujet.

Comme toujours, l'écoulement synovial est très-prononcé les cinq premiers jours et avec une nature non purulente. C'est là un effet constant dû à l'action antiputride de la glycérine.

Le 20 août, deuxième vésicatoire. Diminution de l'écoulement de synovie.

Malgré la température élevée, pas d'odeur ni de suppuration.

Le 25 août, la plaie est en bonne voie et se rétrécit; le lambeau cutané, primitivement renversé en bas, tend à se rapprocher de la partie supérieure de l'articulation. De la synovie coagulée se retrouve sur le pansement et sur les bords de la plaie.

Le 28, écoulement synovial insignifiant et appui sur le membre, sans douleur ni gêne. Son instinct de méchanceté se révèle, si on veut approcher la malade sans précautions. Elle essaie de mordre la personne qui fait le pansement.

Le 30, pansement matin et soir avec la glycérine, les étoupes hachées ou la poudre de charbon.

Dès ce jour, nous n'avons plus affaire qu'à une plaie simple, encore étendue. C'est une question de temps.

Le 21 octobre, après cinquante-cinq jours de traitement, ce méchant animal est remis à son service.

SECTION II

ARTHRITES TRAUMATIQUES TRAITÉES PAR LES IRRIGATIONS CONTINUES ET LES INJECTIONS DE GLYCÉRINE

Obs. IX

Arthrite du jarret gauche (1).

Radamans, étalon anglo-arabe, né en Transylvanie, appartenant à M. le comte Samuel Teleki, gris foncé, âgé de sept ans, $1^{m}.54$.

Le cheval qui fait le sujet de cette intéressante communication est ce coursier remarquable qui, monté par un officier hongrois, M. Salvi, parti de Pesth le 8 mai 1875, est arrivé à Nancy le 22 mai, devant se rendre à Paris.

Une blessure faite au jarret, à Moncel (20 kilomètres de Nancy), par un clou fixé dans la barre de séparation, a déterminé une arthrite qui a été traitée par M. Aureggio de la manière suivante :

CARACTÈRES DE LA LÉSION

La face externe du jarret présente, près de la tubéro-

---

(1) Communication faite par M. Aureggio, à la Société d'agriculture de Meurthe-et-Moselle (*Annales de la Société*, 3 juillet 1875).

sité externe de l'extrémité inférieure du tibia, une petite plaie linéaire pénétrante à bord nettement tranché, oblique de haut en bas, d'arrière en avant ; la sonde avançait profondément dans l'articulation tibio-tarsienne et pénétrait jusqu'aux os tarsiens.

PRONOSTIC

L'inflammation d'une articulation aussi compliquée que celle du jarret nous a fait porter un pronostic très-grave; car, on le sait, ces arthrites sont souvent incurables et souvent mortelles.

Deuxième jour. — Légère tuméfaction et chaleur dans toute la région, une petite goutte de synovie apparaît à l'ouverture de la plaie dans la soirée ; exagération dans la tuméfaction, la chaleur et la sensibilité.

Douches froides fréquentes alternées avec des affusions d'eau froide sur la région garnie d'une large étoupade.

Cinquième jour. — Malgré ces soins persistants, l'inflammation a suivi une marche ascendante ; appui nul, ou ne se faisant que sur la pince ; écoulement synovial abondant, sans odeur et d'un jaune citron déposé à la surface du pansement sous forme de gros caillots jaunâtres mollasses.

Maintien de l'étoupade autour du jarret. Le malade est placé sur un appareil de suspension pour éviter les conséquences de la fatigue.

Les irrigations continues sont commencées ce jour.

On improvise aussitôt un appareil irrigateur au moyen d'un tonneau faisant office de réservoir, placé sur un petit échafaudage ; au robinet fixé au tonneau on ajuste un tube en caoutchouc terminé par une canule de la grosseur d'un crayon.

Le tube, suffisamment long pour arriver au-dessus du jarret, est maintenu en place par quelques petites cordes.

Deux cavaliers, dont un maréchal, assistent le blessé

nuit et jour et dirigent le jet sur la région malade enveloppée d'un vaste pansement.

En outre des irrigations continues, nous employions matin et soir la glycérine la plus pure en injections dans l'articulation.

Ce traitement a été employé sans interruption aucune jusqu'au 20 juin.

Sixième jour (27 mai). — Tuméfaction et chaleur très-grandes de la face interne, écoulement abondant de synovie qui se coagule en un bouchon obturateur sur la plaie, après avoir repoussé la mèche et coule le long du membre dont l'extrémité est chaude et empâtée.

Pendant la durée du traitement, l'appétit s'est conservé excellent.

Septième jour. — Au moindre mouvement, l'articulation très-étendue laisse échapper, en jet de la grosseur du petit doigt, une grande quantité de synovie épaisse, jaune et caséeuse, n'ayant aucun caractère purulent.

A cette époque, quoique la mèche glycérinée soit quelquefois chassée du trajet fistulaire, nous ne craignons pas l'influence fâcheuse de l'introduction de l'air, l'orifice de la plaie étant complétement obstrué par un bouchon synovial, et les lèvres rapprochées par suite de leur tuméfaction.

Huitième au seizième jour. — Pendant cette période, il n'y a aucune aggravation ; l'inflammation a suivi son cours ; l'écoulement de la synovie a continué avec les mêmes caractères, c'est-à-dire épaisse et non purulente.

Dix-septième jour. — La synovie s'écoule plus claire et moins caséeuse, la mèche est retrouvée dans la plaie à chaque levée de pansement, l'appui est meilleur, l'engorgement de l'extrémité du membre a disparu.

Il y a eu un mot une amélioration sensible.

Vingt-quatrième jour (14 juin). — La sécrétion synoviale, en diminuant, tend à se rapprocher de l'état normal, l'ouverture articulaire se rétrécit.

Le côté interne et la face antérieure sont toujours tuméfiés et très-chauds ; la peau est tendue, luisante, rouge, dépilée.

Vingt-cinquième jour. — L'amélioration est manifeste, on retire l'appareil de suspension, le cheval est conduit dans une autre écurie, déplacement qui se fait avec un appui complet sur le membre malade.

On laisse toute liberté à l'animal de se coucher.

Vingt-sixième jour. — Repos de deux heures, couché sur le membre malade ; à la levée du pansement, très-peu de synovie, l'ouverture articulaire bien diminuée laisse à peine passer l'extrémité de la seringue à l'injection.

Vingt-septième jour (17 juin). — Obturation complète de la fistule ; le jarret, très-chaud, tuméfié et dépilé par l'action continue de l'eau froide, a une circonférence de 50 centimètres (la région opposée mesure 35 centimètres $^1/_2$).

Vingt-neuvième jour. — Une goutte de synovie apparaît encore ; malgré cela, le mieux continue, on fait la dernière injection de glycérine.

Trentième jour. — La fistule articulaire est définitivement oblitérée, une cicatrice linéaire blanchâtre la remplace. On cesse les irrigations d'eau froide, et on fait quatre frictions par jour de pommade laudanisée, camphrée, iodurée.

Trente et unième jour. — Pour la première fois *Radamans* est placé sur une litière épaisse et fraîche ; il la flaire et se couche avec plaisir à peine arrivé sur ce nouveau lit. Promenade de cinquante pas environ sans boiterie, et applications fréquentes de pommade iodurée, camphrée, laudanisée.

Trente-deuxième jour. — En cinq jours, diminution de 3 centimètres de l'engorgement du jarret ; il mesure 47 centimètres ; deuxième promenade de 50 mètres sans claudication.

Le cheval exécute aisément dans sa stalle des mouvements fréquents, en appuyant aussi bien sur la jambe malade que sur l'autre.

Le côté gauche du train postérieur est plus amaigri que son congénère.

L'état général s'améliore.

Trente-troisième au trente-sixième jour. — Frictions calmantes et résolutives, promenades modérées très-courtes. La flexion du jarret est gênée par la distension des gaines tendineuses et articulaires ; le pli du jarret est déformé par l'épanchement dans la synoviale tibio-tarsienne.

Trente-sixième jour au quarante-sixième. — Continuation de l'amélioration de l'appui et de l'état général, diminution progressive de l'engorgement du jarret mesurant 46 centimètres le 26 juin, et 45 centimètres le 28.

La température de la région est presque normale.

Le toucher donne la sensation de la netteté de la peau, de l'intégrité des marges articulaires et du tissu cellulaire avoisinant.

Le gonflement de la région est dû à la réplétion de la synoviale par le liquide épanché.

TRAITEMENT

Promenade quotidienne de cinquante pas, et tous les jours frictions de glycérine iodée sur les faces interne et externe, et pour éviter les crevasses dans le pli du jarret, on frictionne ce point avec une pommade mercurielle double.

Quarante-sixième jour (au 6 juillet) *au cinquantième.* — Le jarret a 44 centimètres ; la résolution est manifestement en bonne voie ; pour l'aider, la région est massée et enduite de glycérine iodée. Trois fois par jour le cheval est promené pendant cinq minutes. L'état d'embonpoint est assez bon, quoique les angles osseux soient encore apparents. *Radamans* pèse 365 kilogrammes.

Cinquante et unième jour (11 juillet). — L'action irritante de l'iode a produit de la sensibilité et de la tuméfaction (augmentation de 1 centimètre) ; du repos et des applications d'huile camphrée remettent le jarret dans de bonnes conditions.

Cinquante-deuxième jour au soixantième. — Le 12 juillet, *Radamans* est présenté au cirque dans une soirée donnée au bénéfice des inondés du Midi. Pendant cette période, le contour du jarret arrive à 42 centimètres $^1/_2$, mais les tissus de la face interne sont épaissis. Pour empêcher l'organisation vicieuse de ces tissus, les faces antérieure et externe sont frictionnées tous les jours avec un mélange en parties égales de pommade mercurielle et d'iodure de potassium.

Soixante-troisième jour (23 juillet). — Après un repos de quelques journées, l'étalon se livre pendant la promenade à des mouvements désordonnés, fait des sauts de gaîté, se cabre. Pour le calmer on le met au trot. Il part en lançant quelques ruades et prend cette allure avec un entrain parfait, *steppant sans claudication le soixante-troisième jour.*

Soixante-quatrième au quatre-vingt-sixième jour (24 juillet au 15 août). — Le cheval est conduit trois heures par jour au bain près d'un moulin, dans l'eau courante, bouillonnante. L'engorgement demeure à 42 centimètres, malgré les bains froids, pendant vingt jours.

Quatre-vingt-septième jour. — Le 16 août, on applique le feu en pointes fines et pénétrantes, le cheval étant couché. Les pointes sont placées à 1 centimètre de distance sur toute l'étendue des faces interne, postérieure et antérieure du jarret, et immédiatement chaque piqûre produite par le cautère est comblée avec du vésicatoire.

Quatre-vingt-septième au centième jour (du 16 au 30 août). — Repos absolu; suppression de toute promenade; l'étalon reste sur la litière une quinzaine de jours; la région cautérisée abandonnée à elle-même, les croûtes devant se détacher sans onction grasse.

A partir du quinzième jour, la promenade est progressivement augmentée tous les jours. Le poids de l'animal est de 390 kilogrammes.

Cent treizième jour (12 septembre). — Le contour du jarret, mesuré au même point (la cicatrice de l'ouverture articulaire sert de repère), a 39 centimètres; le jarret en a 35 $^1/_2$.

L'allure du trot est libre, brillante, sans gêne ni boiterie. Les formes anguleuses ont disparu; elles se sont arrondies; l'état général est très-bon, comme l'indique l'augmentation de poids de 25 kilogrammes.

Cent quatorzième jour. — Ce superbe cheval est monté tous les jours par son cavalier, à partir du cent quatorzième jour.

Le rétablissement est si parfait à cette époque, que l'étalon est soumis à un entraînement régulier pour le préparer aux courses.

Après trente jours d'entraînement, cette vigoureuse bête fait par jour 60 kilomètres sans fatigue aucune du jarret, primitivement le siége d'une si grave maladie.

Les vues du propriétaire n'étant plus de faire parcourir immédiatement un nouveau trajet qui pourrait compromettre cet heureux succès, il fait revenir l'étalon au haras de Maros-Wasarhety, où il est utilisé comme reproducteur.

Obs. X

Ouverture de l'articulation radio-carpienne droite.

Un cheval de course magnifique, *I.....*, de pur sang, très-nerveux (3,000 francs), à M. de....., subissant les épreuves de l'entraînement, s'est ouvert l'articulation radio-carpienne en heurtant le mur élevé du *steeple-chase*. Les deux genoux sont violemment contusionnés, le cheval arrivant sur l'obstacle à la vitesse du galop de course. Le droit est ouvert par un angle saillant d'une pierre mis en relief par les chevaux précédents qui ont touché l'obstacle. Le genou gauche est seulement contusionné et excorié par places.

30 avril (soir). — Tuméfaction énorme du genou et douleur insupportable. Au niveau de l'articulation radio-carpienne est une plaie étroite, irrégulière, mesurant 2 centimètres dans le sens de la largeur, qui laisse échapper de la synovie presque à l'état normal.

Elle se dessèche le long du membre et forme une longue traînée jaunâtre jusqu'au sabot. En prenant le genou dans les mains pour nous assurer s'il n'y a pas de fracture, nous déterminons, par suite des mouvements de défense de l'animal, l'expulsion d'un jet de synovie provenant d'un décollement de la peau au niveau de la face antérieure du genou. L'extrémité de la sonde, à une profondeur de 3 centimètres, vient se mettre en contact avec les os de la rangée supérieure du carpe.

Nous voyons le blessé le soir, deux jours après l'accident; il est sous le coup d'une fièvre intense, dans une attitude brisée, complétement immobile, comme fiché en terre. Si on s'approche pour le toucher, il se défend, mais la grande douleur arrête, paralyse immédiatement ce premier mouvement.

Le matin, le cheval avait été examiné par M. X.....,

vétérinaire traitant de la maison. M. X....., mon collègue, fait entrevoir à M. de..... qu'il y a peu de chances de guérison, en raison de la gravité de l'accident, et étant connues les circonstances où il s'est produit. Pour lui, l'ankylose est la terminaison la plus heureuse. M. X....., considérant le cheval comme perdu, nous fait demander en consultation avant de sacrifier le blessé.

Nous en sommes très-heureux, surtout en présence des bonnes dispositions du propriétaire, qui est prêt à tous les sacrifices, et enchanté de tenter le traitement avec les irrigations et les injections de glycérine que nous lui proposons.

Immédiatement, le traitement proposé est mis en pratique. Notre collègue installe l'appareil à irrigation et fait lui-même les injections de glycérine *très-pure*. Ce même jour, l'animal est placé sur un appareil de suspension.

La région est enveloppée par une étoupade maintenue par une genouillère en toile fixée à la couverture. Les extrémités des tubes en caoutchouc plongent dans ce pansement, l'un à droite, l'autre à gauche de la blessure.

Nous recommandons expressément de ne pas laisser l'ouverture articulaire béante pour empêcher l'action de l'air; la température extérieure est très-élevée. Pour éviter ce grand inconvénient, nous faisons pénétrer aussi loin que possible la mèche imprégnée de glycérine. Deux pansements par jour suffisent; celui du matin est fait par notre confrère; le soir, c'est M. de X....., propriétaire, qui le fait lui-même pour être sûr du résultat.

Régime ordinaire, et sulfate de soude (10 litres d'avoine, ration quotidienne).

3 mai. — M. X....., vétérinaire, qui a vu la blessure tous les matins fournir une assez grande quantité de synovie, est frappé ce jour du peu d'abondance de l'écoulement synovial et de son bon aspect, qui n'a jamais été purulent.

Je fais ma deuxième visite au blessé ce jour, et, pour m'assurer que les renseignements sont bien exacts, je retire, à deux heures après midi, la mèche placée le matin, à six heures et demie, par mon collègue.

Elle avait 7 centimètres de longueur et l'épaisseur d'un crayon; elle n'a pas la moindre odeur, malgré l'élévation de la température humide de l'écurie, et il ne s'écoule pas de synovie.

Le membre est engorgé au point que la jambe malade a l'air d'un poteau. Je prescris des frictions légèrement excitantes, et, comme je crains une complication en présence de cet engorgement extraordinaire, je fais une troisième visite le :

4 mai. — Irritation très-grande de l'animal au moment de l'injection; les mouvements désordonnés font saigner les bords de la plaie par le frottement de la canule de la seringue à injection. On met le tord-nez pour faire le pansement. Écoulement synovial presque nul. Néanmoins, continuation des injections de glycérine et frictions sur les quatre membres avec le vinaigre chaud.

5 mai. — Continuation de l'amélioration. Le propriétaire nous en témoigne sa reconnaissance. Un seul pansement par jour, en prescrivant de remplacer la mèche si elle tombe. Pas de synovie ou très-peu.

8 mai. — Écoulement synovial nul, grande irritabilité du sujet.

10 mai. — La fistule articulaire étant oblitérée, on ne fait plus que des applications de glycérine. Nous voulions faire cesser les irrigations, mais le propriétaire insiste pour les continuer.

15 mai. — Jugeant complétement inutiles les irrigations, nous les supprimons, et M. X....., notre collègue, fait une application d'onguent de James renouvelé le lendemain. Le cheval est remis sur la litière.

26 mai. — A ma septième visite, je trouve le malade en liberté dans un boxe, appuyant franchement sur son membre. Il ne boite plus. Le gonflement du genou est encore considérable, d'autant plus visible, que le membre n'est plus engorgé. Au centre, remplaçant la fistule arti-

culaire, est un point rouge ayant la dimension d'une pièce de 20 centimes.

Vu l'excellent état de la région primitivement si gravement blessée, je donne l'espoir que le cheval pourra se présenter sur l'hippodrome pour les courses d'automne.

29 mai. — Troisième application de James par mon confrère.

4 juin. — La face antérieure du genou est seule engorgée, les latérales et les postérieures sont nettes. Pas de chaleur, ni de douleur. L'engorgement persistant paraît n'intéresser que la peau, aussi comptons-nous que la cautérisation ne sera pas nécessaire pour le faire disparaître.

Ce jour (huitième visite), M. de..... monte son cheval, il le fait trotter dans une allée sablée du parc. A ma grande surprise, il n'y a pas la moindre gêne dans le jeu de l'articulation du genou droit. Promenades modérées et progressivement augmentées jusqu'au 20 juin, époque à laquelle ce parfait coursier est mis à l'entraînement.

Nous le revoyons un mois après dans un état superbe.

Le 31 juillet il gagnait facilement le prix de..... aux courses de.....

Obs. XI

Ouverture de la grande gaîne sésamoïdienne, section du perforé.

25 août. — Une jument jeune et de tempérament nerveux sanguin, se fait une très-grave blessure au paturon postérieur gauche en marchant sur un tesson de bouteille.

Cette blessure, située vers le tiers supérieur de la deuxième phalange, se dirige obliquement de bas en haut et de dehors en dedans jusque dans le cul-de-sac inférieur de la grande gaîne sésamoïdienne. Le tendon du perforé est complétement sectionné.

Un pansement provisoire est fait sur la route pour arrêter l'hémorrhagie et le cheval est ramené à grand'peine jusqu'à l'écurie, parcourant ainsi près de 4 kilomètres.

Le cheval est couché pour faire la ligature des gros vaisseaux lésés et le premier pansement compressif est fait avec le perchlorure de fer.

Etoupade épaisse fréquemment mouillée les 25 et 26.

27 août. — A la levée du pansement, la synovie apparait abondante, jaune, épaisse, non purulente et sans odeur. L'appui sur le membre lésé est nul et la fatigue extrême.

Un appareil de suspension est immédiatement improvisé pour soutenir le malade et permettre l'application plus facile des irrigations continues le jour seulement. La plaie est pansée avec la glycérine introduite avec des étoupes, aussi loin que possible, dans la gaîne sésamoïdienne. Elles y sont maintenues par le pansement qui enveloppe le paturon. Les tuyaux en caoutchouc sont engagés dans son épaisseur.

A partir de ce jour, tous les soirs le pansement est fait avec la glycérine injectée dans la gaîne sésamoïdienne et les étoupes sont largement imprégnées de la substance pour isoler le mieux possible la plaie du contact de l'air chaud.

Du 27 août au 10 septembre. — Ces soins ont été donnés, ils ont eu pour résultat l'augmentation, d'abord, de l'écoulement synovial pendant quatre jours, puis une diminution progressive à partir du 2 septembre, presque insignifiant le 10, sans jamais avoir été purulent, et exempt de toute mauvaise odeur. Pendant ce temps, le cheval est nourri avec 8 litres d'avoine par jour, barbotages et sulfate de soude ; malgré cette ration, le cheval fond pour ainsi dire.

10 septembre. — Cessation des irrigations, pansements matin et soir avec la glycérine seulement. A chaque levée de pansement, il y a quelques petits caillots de synovie, jaune, mêlés à un peu de pus. Malgré l'extrême élévation de la température, le pansement n'exhale aucune mauvaise odeur.

L'action antiputride de la glycérine est manifeste.

18 septembre. — Cessation de l'écoulement synovial et appui complet sur le membre. L'état général est assez bon ; l'animal, retiré depuis trois jours de l'appareil de suspension, se couche et se relève avec facilité.

20 septembre. — Amélioration continue de la blessure et de l'état général.

1er octobre. — Les pansements sont continués avec la glycérine recouverte de poudre de charbon. Le blessé ne boite pas à l'allure du pas.

12 octobre. — Cicatrisation complète de la plaie, il n'y a plus que de l'engorgement qui ne provoque aucune boiterie.

22 octobre. — Cette jeune jument est remise à son service.

Nous avons enregistré cette observation pour montrer que, faute d'un personnel suffisant pour appliquer les irrigations continues nuit et jour, on peut obtenir d'excellents résultats par le traitement mixte avec la glycérine, comme le fait ressortir cette observation.

SECTION III

ARTHRITES TRAUMATIQUES TRAITÉES EXCLUSIVEMENT PAR LES INJECTIONS DE GLYCÉRINE ET LES PANSEMENTS GLYCÉRINÉS

Obs. XII

Ouverture de l'articulation du genou gauche.

Une belle jument d'un tempérament nerveux, tombée sur les genoux, s'est gravement mutilé le gauche. L'articulation est largement ouverte.

La température est élevée; l'accident est arrivé le 11 septembre et le cheval nous est envoyé le 12 septembre. La blessure est rigoureusement douchée pour la débarrasser de toutes les impuretés qui la souillent. Tous les culs-de-sac sont imprégnés de glycérine injectée avec la seringue ; puis une étoupade glycérinée est appliquée sur la plaie et la face antérieure du genou, maintenue par une genouillère en toile. Le pansement est fait par jour, il n'est renouvelé que s'il est dérangé.

15 septembre. — L'écoulement synovial est abondant, mais il n'a pas le caractère purulent ; boiterie prononcée, appui sur la pince.

18 septembre. — Diminution de la sécrétion ; la plaie a bon aspect et la région n'est pas engorgée.

23 septembre. — Cessation de l'écoulement synovial. Appui meilleur, continuation des mêmes soins.

28 septembre. — La plaie est simple. La genouillère supprimée est remplacée par les onctions de glycérine avec les étoupes hachées ou la poudre de charbon.

10 octobre. — Cette blessure grave est complétement guérie avec les pansements de glycérine qui ont protégé l'articulation des complications qu'on pouvait redouter par suite de l'élévation de la température.

Quelques jours de repos ont suffi, à partir de ce jour, pour mettre l'animal sur pied et en état de reprendre son service le 4 novembre.

Obs. XIII

Ouverture de l'articulation du genou droit.

Il nous est présenté, le 12 avril, par une chaleur tropicale, un vieux mais encore très-ardent cheval couronné à fond. L'articulation du genou droit est ouverte sur une étendue de 2 centimètres $^1/_2$ et transversalement.

La synovie normale est apparente au fond de la plaie. Nous sommes heureux de mettre à exécution l'idée du propriétaire, M. de S....., qui s'oppose au traitement par le vésicatoire. Quelques douches et la glycérine en injection constituent les soins des premiers jours. Il n'y a pas de gonflement au voisinage de l'articulation. Pas de pansements, des étoupes hachées seulement sur la face imprégnée de glycérine.

15 août. — Synovie coagulée et louche assez abondante ; boiterie très-prononcée.

17 août. — Ecoulement synovial bien diminué et pas de suppuration. La plaie est nette et propre, en voie de cicatrisation.

20 août. — Plaie simple et suppuration nulle malgré la chaleur.

22 août. — Le cheval s'est frotté ; il est attaché la croupe au mur pour éviter à l'avenir cet inconvénient.

12 septembre. — Il n'y a plus qu'une cicatrice blanche comme une pièce de 2 francs qu'il est facile de dissimuler sur le fond noir de la robe. Allures libres aussi, le cheval est attelé ce même jour.

Obs. XIV

Ouverture de l'articulation du genou droit.

Le sujet de cette observation porte sur la face antérieure du genou droit, et au niveau de l'articulation des os carpiens entre eux, une blessure étroite qui paraît être produite par un instrument tranchant. La synovie qui perle entre ses bords indique que nous avons affaire à une blessure articulaire.

Le 17 septembre, alors que la synovie est avec ses caractères normaux, nous prescrivons la glycérine en injection et l'introduction d'une mèche glycérinée et recommandons de ne pas laisser la plaie en contact avec l'air.

Le 20 septembre, à notre deuxième visite, on nous rapporte que la synovie s'est montrée plus jaune et plus ferme et un peu plus abondante ; mais que la mèche s'est parfaitement maintenue dans la plaie. Continuation du même traitement. Régime ordinaire. Sulfate de soude.

23 septembre. — Écoulement synovial arrêté, appui excellent, quoique la boiterie soit encore accusée. Pas d'engorgement, pas de chaleur.

30 septembre. — Plaie simple, pansement ordinaire. Le blessé est mis en liberté dans un boxe, et remis à son travail habituel le 9 octobre, après vingt-deux jours de traitement.

Obs. XV

Ouverture de l'articulation du genou droit.

Une chute violente sur les genoux, pendant l'allure du galop, est suivie d'une blessure profonde à l'articulation du genou droit. Les os carpiens et le tendon sont éraillés, et la plaie, de 5 centimètres, est située transversalement au milieu de la région en regard des articulations des rangées carpiennes. Écoulement synovial. Ce cheval est amené à ma visite le 19 novembre. Comme il n'est pas de grand prix, je n'hésite pas à tenter le traitement avec la glycérine sans vésicatoire ni irrigations. Le premier jour seulement des douches pour nettoyer la plaie. Immédiatement et les jours suivants pansements et injections avec la glycérine. Boiterie très-accusée, peu de fièvre; régime ordinaire.

23 novembre. — L'écoulement synovial, considérable jusqu'à ce jour, tend à diminuer ; il n'a pas de caractère qui

dénote la présence du pus, il est jaune, trouble et épais, légèrement mousseux dans les replis de la lésion, par suite de son mélange avec l'air. L'appui s'améliore et le genou est peu engorgé.

23 novembre. — Le blessé, d'un tempérament sanguin lymphatique, ne paraît pas se soucier de sa blessure ; il exécute des mouvements avec le membre malade qui, habituellement, sont empêchés par la douleur. Cette mobilité de la région a l'inconvénient de déplacer le pansement et d'appeler l'air, ce que dénote la petite quantité de synovie spumeuse qui apparaît encore.

29. — Cessation de l'écoulement synovial.

Dès ce jour la plaie est simple, il n'y a plus de complication à craindre.

Le 29 décembre. — La jument est rendue à son service après quarante jours de traitement.

RÉCAPITULATION

Nous donnons ci-après (p. 29) un tableau récapitulatif des plaies articulaires traitées par la glycérine. Dans ce tableau, nous comptons le nombre de journées de traitement en partant du jour de l'arrivée de l'accident jusqu'à celui où le cheval est remis à son service.

La plupart des auteurs qui ont écrit sur les blessures articulaires en marquant la date de la cessation de l'écoulement synovial laissaient supposer que leurs malades étaient guéris, quand, au contraire, la reprise du service ne s'effectuait que longtemps après.

En résumé, le traitement des plaies articulaires est très-simple et d'une application facile, d'après la méthode que nous avons adoptée.

Le traitement général : saignée, diète, etc..., ne nous

TABLEAU récapitulatif des plaies articulaires traitées par la glycérine.

NUMÉROS DES OBSERVATIONS	ARTICULATIONS OUVERTES	DATE DE L'ACCIDENT	CAUSE	DATE DE LA GUÉRISON	SEXE ET AGE	TEMPÉRAMENT	NOMBRE DE JOURNÉES DE TRAITEMENT
I	Genou et boulet.	15 septembre 1874.	Chute.	7 octobre 1874.	J. 11 ans.	Sanguin.	23
II	Genou.	12 septembre 1874.	Chute.	4 novembre 1874.	J. 7 —	Sanguin.	53
III	Fémoro-tibiale.	1er octobre 1874.	Coup de pied.	30 octobre 1874.	C. 8 —	Nerveux.	30
IV	Articulation du jarret gauche.	27 septembre 1874.	Coup de pied.	2 janvier 1875.	C. 11 —	Nerveux.	97
V	Temporo-maxillaire.	28 août 1875.	Chute sur le pavé.	19 septembre 1875.	J. 10 —	Nerveux.	22
VI	Boulet droit.	26 mai 1875.	Chute.	8 juillet 1875.	C. 10 —	Nerveux sanguin.	43
VII	Boulet antérieur.	4 août 1875.	Chute.	9 septembre 1875.	J. 5 —	Sanguin.	35
VIII	Genou droit.	14 août 1875.	Chute.	21 octobre 1875.	J. 6 —	Très-irritable.	55
IX	Jarret gauche.	22 mai 1875.	Piqûre.	13 septembre 1875.	C. 7 —	Irritable.	114
X	Genou gauche.	30 avril 1876.	Contusion et corps tranchant.	20 juin 1876.	C. 6 —	Très-nerveux.	51
XI	Grande gaine sésamoïdienne.	23 août 1876.	Tesson de bouteille.	22 octobre 1876.	J. 7 —	Nerveux.	59
XII	Genou gauche.	12 septembre 1876.	Chute.	4 novembre 1876.	J. 12 —	Très-nerveux.	53
XIII	Genou droit.	12 août 1876.	Chute.	12 septembre 1876.	J. 18 —	Demi-sang.	30
XIV	Genou droit.	12 septembre 1876.	Chute.	9 octobre 1876.	C. 12 —	Sanguin.	22
XV	Genou droit.	19 novembre 1876.	Chute.	29 décembre 1876.	J. 8 —	Sanguin lymphatique.	40

paraît pas avoir sa raison d'être, d'autant plus que la fièvre traumatique s'accompagne toujours d'inappétence. Il est donc inutile d'affaiblir le malade à l'avance. En lui donnant, au contraire, sa ration habituelle et mieux une alimentation substantielle, on lui ménage de précieuses ressources pour résister aux fatigues d'un traitement prolongé pendant lequel le décubitus est longtemps empêché. Des barbotages alcalins fréquents sont indiqués pour prévenir et combattre la constipation.

L'élargissement de la fistule synoviale par le débridement est contre-indiqué, il a l'inconvénient de retarder la cicatrisation et de donner un accès plus facile à l'air.

La boiterie et l'état de la plaie donnent la mesure de la gravité de la lésion articulaire. Tant que la claudication est peu prononcée, on peut temporiser en soignant les blessures par les douches ou lotions froides. Mais aussitôt qu'elle s'accuse, que la région devient chaude et tuméfiée, nous appliquons un large vésicatoire; le cheval est attaché au râtelier et il n'en bouge plus; s'il est possible, le malade est placé sur un appareil de suspension.

Dans tous les cas, la glycérine est appliquée sur la plaie articulaire et fixée comme il a été dit au chapitre des plaies en général.

Les injections de glycérine sont pratiquées dès que l'inflammation menace d'envahir la capsule articulaire. Le mouvement inflammatoire est accusé du deuxième au quatrième jour par l'apparition de la synovie.

Jamais aucune autre substance que la glycérine la plus pure n'est injectée dans l'articulation.

Les irrigations continues, qui sont d'une application difficile et souvent impossible, constituent avec les injections de glycérine un traitement efficace, notamment dans les cas graves de blessures articulaires.

Nous avons employé, avec succès, les irrigations continues et les pansements glycérinés la nuit. (Traitement mixte.)

Enfin, les injections de glycérine, sans vésicatoire ni

réfrigérants, nous ont aussi donné d'excellents résultats (Observations). Elles démontrent la valeur thérapeutique de ce précieux agent dans le traumatisme articulaire.

Depuis le 30 juin 1877, que nous avons envoyé pour le concours biennal de pathologie médicale un mémoire sur le traitement des lésions synoviales, nous avons recueilli plusieurs observations de plaies articulaires. L'une d'elles offrait un caractère d'extrême gravité que nous n'avons pas eu l'occasion de signaler dans notre travail. Elle a été traitée avec succès par l'emploi combiné de vésicatoire et des injections et pansements glycérinés. C'est pour cette raison que nous avons jugé utile de publier cette intéressante observation. Enfin, nous relatons encore deux cas de plaies synoviales traitées avec succès par notre méthode : elles nous ont été communiquées par notre confrère M. M....., vétérinaire à .....

Ces observations envoyées à la suite de notre Mémoire ont pour but de montrer que : « La vérité est bien la fille des faits. »

APPENDICE

Obs. IX, X et XI

1° Ouverture de l'articulation tibio-rotulienne droite;

2° Ouverture de la gaîne tendineuse des extenseurs au niveau de l'articulation du boulet postérieur droit;

3° Ouverture de l'articulation du boulet postérieur gauche sur toute sa face antérieure.

Déchirure des tendons extenseurs et des bourses séreuses.

Yvan, cheval âgé de sept ans, sous poil bai; bête énergique et nerveuse.

Ce cheval s'est fait, en tombant dans un fossé, le 2 juillet 1877, trois blessures articulaires. Celle du boulet postérieur gauche est dans des conditions de gravité telle que nous avons déclaré le cas incurable avec notre collègue, M. M....., appelé le premier à donner ses soins à ce malade.

C'est à titre d'expérience que nous avons entrepris de traiter cette vaste blessure articulaire avec le vésicatoire et les injections et applications de glycérine. Ces soins sont suivis le vingt-cinquième jour d'une amélioration notable tout à fait inespérée.

Le cavalier qui montait ce cheval au moment où l'accident s'est produit nous a écrit les détails suivants :

« Étant en promenade en forêt, il se trouvait sur la route de la Traconne un fossé à franchir d'environ 1m.50

de largeur et 1 mètre de profondeur. Quelques grosses pierres anguleuses soutiennent les pentes de ce fossé.

« Mon cheval, prenant son élan trop loin et exécutant un saut en hauteur, tomba sur la pente antérieure les deux membres en avant du fossé. Je le relevai et, faisant effort, il voulut sortir du fossé ; c'est alors que les membres postérieurs n'ayant pu atteindre le bord de l'obstacle, glissèrent au fond, ce qui occasionna leurs blessures.

« Signé : G..... »

2 juillet 1877. — Le blessé se rend très-difficilement du lieu où l'accident est arrivé à son écurie (8 kilomètres).

La région du grasset droit porte au niveau de l'articulation de la rotule avec le tibia une petite plaie irrégulière à bords éraillés et meurtris. La sonde pénètre entre les ligaments rotuliens externe et médian à une profondeur de quelques centimètres dans l'articulation. Il y a écoulement de synovie complètement normale.

Les boulets postérieurs sont fortement endommagés, le gauche est affreusement mutilé.

L'articulation du boulet postérieur droit présente à sa face antérieure une petite plaie déchirée. La synovie peu abondante qui s'échappe le premier jour paraît provenir des bourses séreuses des tendons extenseurs. Le tendon extenseur antérieur est contusionné.

L'articulation métatarso-phalangienne gauche est complétement découverte sur toute sa partie antérieure par suite de la lésion de la peau des tendons et de la capsule synoviale.

Cette vaste plaie, qui commence un peu au-dessous de l'articulation du boulet, s'étend à 16 centimètres sur la face antérieure de l'extrémité inférieure du canon. Ses bords sont très-irrégulièrement déchirés et meurtris : le supérieur et l'inférieur présentent des franges jaunes provenant des abouts tendineux sectionnés et dilacérés.

Les marges arti ulaires sont légèrement éraillées, par suite de leur frottement sur la pente rugueuse du fossé, au moment où le cheval cherchait à dégager ses membres postérieurs.

C'est dans cet état de mutilation que cet animal est présenté le jour de l'accident à notre confrère, M. M...., qui prescrit des douches et lotions réfrigérantes sur les régions articulaires blessées.

5 juillet. — Nous voyons cet intéressant sujet le troisième jour. L'état général dénote une grande souffrance, cependant l'appétit est assez bon.

Les membres postérieurs sont engorgés, le gauche est au soutien, parfois il appuie la pince avec hésitation et la relève aussitôt. Ce mouvement est suivi de la projection d'un jet de synovie articulaire et tendineuse. La sécrétion synoviale très-abondante salit le membre et la litière. Une odeur infecte émane de cette blessure articulaire, elle est due à la putréfaction de la synovie et des filaments tendineux qui y baignent. La station debout est pénible; malgré cela et comme c'est une expérience que nous tentons, le cheval n'est pas suspendu, il est simplement attaché au râtelier pour empêcher le blessé de porter les dents sur les trois vésicatoires placés le troisième jour aux boulets postérieurs et au grasset droit.

5 juillet. — Les plaies synoviales sont pansées matin et soir avec la glycérine en injections et au moyen de la mèche glycérinée, comme nous l'avons indiqué à l'article *Modus faciendi* de notre Mémoire. Disons de suite que le traitement des blessures synoviales du grasset et du boulet postérieur droits a été suivi de prompte guérison. L'écoulement synovial a complétement disparu le douzième jour au boulet postérieur droit, le vingt-cinquième jour il n'y a plus qu'une légère tuméfaction de la grosseur d'une noix. Le vingtième jour seulement l'écoulement synovial a cessé au grasset.

Comme la température est très-élevée, nous continuons pour cette plaie comme pour les autres l'usage de la glycérine avec des étoupes hachées.

5 juillet. — Nous ne nous occuperons plus que de la

blessure si grave du boulet postérieur gauche. L'écoulement synovial très-abondant a lieu par trois fistules à la fois, correspondant aux lésions des bourses séreuses et articulaire.

En raison de l'étendue de la plaie que baigne une synovie coagulée et fétide, et pour maintenir les mèches glycérinées dans les fistules, nous appliquons une étoupade imprégnée de glycérine et une large bande de toile fixant le tout autour de la région préalablement enduite d'une couche épaisse de vésicatoire.

Rien n'est changé au régime; le blessé mange sa ration habituelle; un jour sur deux, j'ordonne un barbotage clair. Bientôt le malade reprend les forces que la fièvre traumatique avait abattues.

6 juillet. — A la levée du pansement fait dans la matinée de la veille, une odeur repoussante de nécrose s'exhale de la plaie et du pansement. La synovie, examinée de près, n'a pas subi de modification; elle est mélangée à de la suppuration provenant des bords de la plaie et à des débris ligamenteux tendineux. Nous excisons tous les fragments de tendon qui débordent; ils sont ramollis, comme pulpeux et infects.

Une douche avec l'eau chlorurée est faite pour déterger la plaie, et, immédiatement après, le pansement avec la glycérine en injections et en application avec une étoupade. Un seul pansement est fait le matin sous nos yeux.

7 juillet. — La sécrétion synoviale, mêlée à du pus, est abondante et s'échappe par les extrémités du pansement; son odeur est moins repoussante; elle provient des lambeaux tendineux nécrosés, notamment au bord supérieur de la plaie.

Excision de ces parties nécrosées et pansement comme la veille.

9 juillet. — Abondant écoulement synovial caillebotté, mais disparition complète de toute mauvaise odeur et diminution de la suppuration. Un bourgeonnement irrégulier envahit toute la blessure; il est réprimé par le nitrate

d'argent; les plaies fistuleuses se rétrécissent; celle du bord inférieur permet à peine le passage de la canule de la seringue. L'appui du membre postérieur se fait facilement et en permanence.

15 juillet. — Le pansement de ce jour, fait par une personne étrangère, est trop serré au-dessus du boulet; le lendemain, nous trouvons la région très-douloureuse et engorgée sous l'influence de cette constriction. Malgré cela, le cheval appuie librement et se déplace avec facilité.

La synovie se montre à peine légèrement spumeuse au bord supérieur; celle qui provient de la fistule est claire, presque normale et peu abondante; elle s'échappe par une petite ouverture qui donne à peine passage à la canule.

20 juillet. — Cessation des injections devenues impossibles, par suite de l'oblitération des fistules synoviales. Le bourgeonnement est parfait et non exubérant.

27 juillet. — La plaie est belle et recouverte par une légère suppuration jaunâtre, ne contenant aucune trace de synovie. L'appui est excellent; le blessé ne boite point au pas; je ne veux pas encore le faire trotter. La guérison étant ce jour assurée, nous pensons à faire la photographie de cette large blessure pour l'envoyer à l'appui de cette observation.

Continuation des pansements (le matin seulement) avec la glycérine, pour éviter, par une température élevée, une plaie d'été.

2 août. — Avec M. X..... notre collègue, nous faisons faire un temps de trot à notre malade. *Il ne boite pas.*

Pansement avec la teinture d'aloès et la poudre de charbon.

5 août. — La première fois, depuis un mois, le malade est attaché de façon à pouvoir se coucher. Malgré cette station debout prolongée, *Ivan* est peu fatigué; ses membres sont nets et son embonpoint excellent. La plaie est bien rétrécie, mais un engorgement persiste, qui nécessitera l'application du feu.

10 août. — La plaie est belle, mais sa cicatrisation est retardée par l'excoriation produite par le frottement avec le membre opposé. Il n'y a pas de claudication, malgré la tuméfaction de toute la région du boulet.

10 septembre. — Ce même état dure encore le 10 septembre; comme nous l'avions prévu, la cautérisation est indiquée et urgente.

Mais notre sujet est considéré comme guéri, puisqu'il est en état déjà de rendre des services.

15 octobre. — Le 15 octobre, feu en pointes fines et pénétrantes.

Obs. XII

Ouverture de l'articulation du genou gauche et des gaines tendineuses (1).

Une jument de neuf ans, forte taille, gris pommelé, propre au trait, à M. X....., étant au trot attelée à une voiture légère, est tombée sur une route assez dure et raboteuse, le 15 juillet 1877 (température élevée).

M. M....., vétérinaire, a été appelé le dixième jour seulement après l'accident.

Jusqu'à ce jour, le cheval a été soigné par les bains froids.

Dixième jour (25 juillet). — Engorgement considérable du genou gauche, plus prononcé du côté externe que du côté interne. Sur la face antérieure du genou gauche, une plaie large comme une pièce de 5 francs en argent laisse écouler abondamment de la synovie jaune épaissie. Elle paraît surtout quand l'animal marche et quand on comprime le genou, notamment sur son côté externe.

(1) Communiquée par M. M....., vétérinaire.

La sonde, légèrement incurvée, pénètre horizontalement de dehors en dedans vers le côté externe de la région à une profondeur de 10 à 11 centimètres. Elle passe dans les capsules synoviales des extenseurs antérieurs et latéraux des phalanges. La sonde perçoit au fond de cette fistule une sensation un peu résistante, qui fait supposer que l'on est sur les os carpiens. L'abondance de l'écoulement de la synovie semble confirmer cette manière de voir.

Dixième jour (25 juillet). — Application d'un large vésicatoire sur l'engorgement enveloppant le genou. Injections de glycérine avec la seringue dans tout le trajet fistuleux synovial.

Le propriétaire fait le pansement tous les jours.

Treizième jour (28 juillet). — Trois jours après les pansements glycérinés, il y a un peu de mieux. La synovie non purulente est coagulée. Malgré la température élevée, il n'y a aucune odeur.

Dix-septième jour (31 juillet). — Presque plus d'écoulement synovial.

Vingt-troisième jour (5 août). — Écoulement synovial nul; la fistule est oblitérée et la cicatrisation assez parfaite pour permettre l'utilisation du cheval.

Obs. XIII

Ouverture des articulations carpienne et métacarpo-phalangienne, section des tendons, gaînes, ligaments, etc. (1).

Voici un nouveau cas très-intéressant d'arthrite du

(1) Recueillie par notre confrère, M. M....., déjà cité.

genou, traité avec succès par votre méthode, qui m'a déjà plusieurs fois réussi.

La gravité des lésions de l'articulation carpo-métacarpienne, l'impossibilité de la station debout, les excoriations et les plaies par suite du décubitus, enfin le mauvais état général, nous ont fait hésiter à entreprendre le traitement de ce sujet. Son jeune âge (six ans) nous a engagé à tenter un nouvel essai, malgré la perplexité du propriétaire, les mauvaises conditions de l'état général et la température élevée.

La jument qui fait l'objet de cette observation est une bête commune, de tempérament lymphatique, âgée de six ans, sous poil blanc, propre au trait, d'une valeur de 600 francs, à M....., cultivateur à.....

L'accident est arrivé, le 14 août 1877, sur la route de....., en descendant une côte. Ce cheval, étant attelé à une voiture chargée, est tombé sur les genoux.

Le propriétaire fait, pendant les cinq premiers jours, des lotions d'eau fraîche et des douches.

19 août. — Etat du blessé à la première visite de M. M..., le cinquième jour.

Les deux genoux sont très-gravement blessés.

La peau, les tendons du genou droit sont coupés, les gaînes articulaires, carpiennes, métacarpo-phalangiennes et tendineuses sont ouvertes. On touche les os carpiens avec la sonde. La synovie coule abondamment par cette vaste blessure et répand une odeur infecte. L'écoulement synovial de la blessure du genou gauche provient de la rupture de la gaine tendineuse.

La station debout est pénible, le blessé se laisse tomber sur la litière, et il ne peut pas se relever sans aides.

Les mouvements sont difficiles et douloureux, l'appui nul sur le membre antérieur droit.

On supprime les réfrigérants et on applique un large vésicatoire et les pansements de glycérine ; application avec les étoupes et injection avec la seringue. Une mèche glycérinée est bourrée dans la fistule articulaire. L'étoupade glycérinée est maintenue par une genouillère en toile. Elle absorbe une partie de l'onguent vésicatoire qui a été placé en couche suffisamment épaisse pour obtenir la vésication.

Il est recommandé au propriétaire de faire une fois par jour le pansement avec la glycérine, mais les mouvements désordonnés auxquels le blessé se livre en cherchant à se relever, obligent de renouveler trois et quatre fois la journée le pansement sur les deux genoux.

22 août. — Jusqu'à ce jour (deuxième visite de M. M...), l'animal s'est presque toujours tenu couché sur le même côté : le gauche.

Des engorgements œdémateux se sont produits sur les côtés, la hanche, la pointe de l'épaule et la tête.

L'animal était en liberté dans l'écurie, il enlevait le pansement en se léchant.

M. M... ordonne de l'attacher au râtelier, mais le propriétaire n'a pas cru devoir continuer cette prescription en présence des efforts que faisait le blessé pour se laisser tomber sur la litière.

L'animal offre très-peu d'énergie, il est très-abattu, ce qui fait augurer très-mal d'une guérison probable. Néanmoins une nouvelle application vésicante est faite et les pansements à la glycérine sont continués comme les jours précédents.

L'écoulement de synovie diminué à gauche est très-abondant à droite. Il n'a pas d'odeur malgré la température élevée, il est jaune citrin. Quelques caillots obstruent une partie de l'ouverture.

24 août. — Un œdème considérable avec fluctuation s'est produit sur les côtes gauches par suite du décubitus prolongé sur ce côté ; de plus, excoriations de la hanche correspondante et de la pointe de l'épaule. L'étendue de ces plaies a la dimension de la main.

Mouvement fébrile très-prononcé et tremblements généraux dénotant une grande douleur accusée surtout après le moindre mouvement.

On est toujours obligé de relever le blessé lorsqu'il s'est laissé tomber. Ces mouvements désordonnés contrariant la guérison, M. M... prescrit de suspendre le cheval.

La synovie est abondante et sans odeur ; un bouchon synovial rétrécit la fistule au point que la mèche glycérinée est introduite avec difficulté.

Continuation des mêmes soins et régime tonique et substantiel. Malgré un excellent appétit, grand abattement et faiblesse générale.

26 août. — Nous faisons le voyage de..... pour aller visiter le malade avec M. M...

Sa situation nous semble très-grave ; néanmoins il est convenu que le traitement sera continué ; nous trouvons le blessé complétement abandonné, couché sur l'appareil la tête appuyée sur la mangeoire, dans une attitude brisée. Grande souffrance et profond abattement.

L'œdème des côtes est toujours fluctuant, ce qui fait craindre une complication d'infection, étant donné l'état fébrile dans lequel se trouve l'animal.

31 août. — Ecoulement synovial très-abondant arrosant le membre antérieur droit jusqu'à la litière. Caillots synoviaux en quantité, *sans aucune odeur et sans trace de suppuration.*

A gauche l'écoulement synovial est tari : le pansement à la glycérine est supprimé de ce côté et remplacé par une couche d'huile de cade pour empêcher les mouches.

Continuation des pansements glycérinés avec la genouillère à droite. Il est impossible d'introduire la mèche et de faire des injections par suite du rétrécissement de la fistule articulaire.

Toujours grande faiblesse, le blessé se laisse aller mollement sur son appareil de suspension. Il y a peu de réaction et d'énergie malgré l'appétit conservé.

Le blessé est très-amaigri. L'œdème des côtes est remplacé le 27 août par une grande plaie à la suite de la chute de l'eschare cutanée. Cette plaie a un aspect gangréneux, une teinte livide et une odeur infecte ; le propriétaire l'a pansée avec la glycérine du 27 au 31 ; M. M..... prescrit des lotions alcoolisées et de la poudre de charbon.

1er septembre. — Même état et mêmes soins. Très-grande amélioration dans l'état général de la plaie articulaire. La plaie des côtes a bon aspect. L'écoulement synovial est très-peu abondant, la plaie du genou droit est bien rétrécie et comblée par des bourgeons charnus et un mince caillot synovial qui ferme la plaie articulaire. Pas d'odeur, pas de suppuration et très-peu de fièvre.

10 septembre. — Cessation complète de l'écoulement de synovie. Appui assez bon sur le membre malade.

12 septembre. — Le genou est chaud et engorgé, l'appui est meilleur, la fièvre a disparu et l'état général est très-bon.

Le malade fait entendre des hennissements de très-bon augure, se démène et cherche à se dégager de son étreinte sur l'appareil de suspension pour suivre aux champs ses camarades d'écurie.

Hennissements répétés quand il se trouve seul à l'écurie et quand il entend le pas du cheval de M. M..... dans la cour de la ferme au moment où il vient visiter son malade.

20 septembre. — Engorgement du genou et grande chaleur. Compresses d'eau froide.

25 septembre. — Une exfoliation de tissu mortifié s'est faite le 24 sur la plaie du genou, M. M..... fait appliquer un vésicatoire très-large.

30 septembre. — L'animal est dégagé de l'appareil de suspension et laissé libre de se coucher.

Il appuie sur le membre malade, sans manifester de douleur.

2 octobre. — Petite promenade dans la cour de la ferme, l'appui est bon.

6 octobre. — M. M..... trouve son malade en liberté, se promenant dans la cour de la ferme. Sous l'excitation du fouet pour le faire rentrer à l'écurie, il lance plusieurs ruades, pendant lesquelles les membres antérieurs supportent également le poids du corps.

Le genou est encore engorgé et chaud, la plaie complètement cicatrisée. Une tache rouge de la largeur d'une pièce de 5 francs persiste.

L'animal se couche et se relève facilement, il ne boite pas.

Le feu va être appliqué.

Nous adressons nos remerciments à notre collègue M. M....., pour l'obligeance qu'il a mise à recueillir ces observations et à nous les communiquer.

9083 Paris. — Typographie Vve RENOU, MAULDE et COCK, rue de Rivoli, 144

www.ingramcontent.com/pod-product-compliance
Ingram Content Group UK Ltd.
Pitfield, Milton Keynes, MK11 3LW, UK
UKHW022145170726
13837UKWH00004B/1788

9 782329 248561